Ernst Probst

Als Mainz noch nicht am Rhein lag

Der Ur-Rhein vor zehn Millionen Jahren

Ernst Probst

Als Mainz noch nicht am Rhein lag

Der Ur-Rhein vor zehn Millionen Jahren

GRIN Verlag

1. Auflage 2010
Copyright © 2010 GRIN Verlag GmbH
http://www.grin.com
Druck und Bindung: Books on Demand GmbH, Norderstedt Germany
ISBN 978-3-640-75564-6

Ernst Probst

Als Mainz noch nicht am Rhein lag

*Der Ur-Rhein
vor zehn Millionen Jahren*

Gewidmet

Dr. Jens Lorenz Franzen,
ehemaliger Leiter der Abteilung Paläoanthropologie
und Quartärpaläontologie
am Forschungsinstitut Senckenberg
in Frankfurt am Main,
Wiederentdecker der
verschollenen Fossilfundstelle bei Eppelsheim
und Begründer
der ersten wissenschaftlichen Grabungen dort
sowie wissenschaftlicher Berater
beim Aufbau
des Dinotherium-Museums in Eppelsheim

Heiner Roos,
Altbürgermeister von Eppelsheim,
dessen Idee und Initiative
das Dinotherum-Museum
in Eppelsheim zu verdanken ist

Ute Klenk-Kaufmann,
Bürgermeisterin von Eppelsheim

INHALT

Der Paläontologe Jens Lorenz Franzen
aus Titisee-Neustadt, früherer langjähriger
Mitarbeiter am Forschungsinstitut
Senckenberg in Frankfurt am Main, ist der
Wiederentdecker der verschollenen Fossilfundstelle
bei Eppelsheim unter acht Meter
mächigen Deckschichten und Begründer der
ersten wissenschaftlichen Grabungen dort.
Er leitete Grabungen in Eppelsheim und
Dorn-Dürkheim in Rheinhessen, untersuchte
und beschrieb Fundstellen und Funde.
Kein anderer Wissenschaftler hat so lange
und so intensiv in den Ablagerungen des
Ur-Rheins gegraben wie er. Maßgeblich
war er auch am Aufbau des Dinotherium-
Museums in Eppelsheim beteiligt.

DANK

Für wertvolle Hilfe
bei der Entstehung dieses Taschenbuches
danke ich:

Dr. Jens Lorenz Franzen,
ehemaliger Leiter
der Abteilung Paläoanthropologie
und Quartärpaläontologie
am Forschungsinstitut Senckenberg
in Frankfurt am Main,
ab 1. 9. 2000 im Ruhestand
und seitdem ehrenamtlicher Mitarbeiter,
Titisee-Neustadt

Ute Klenk-Kaufmann,
Bürgermeisterin, Eppelsheim

Dr. Winfried Kuhn,
Landesamt für Geologie und Bergbau
Rheinland-Pfalz,
Abt. 2 Geologie und Rohstoffe, Mainz

Heiner Roos,
Altbürgermeister,
1. Vorsitzender des Fördervereins
Dinotherium-Museum e. V. Eppelsheim

Das Dinotherium-Museum in Eppelsheim (Kreis Alzey-Worms) informiert anschaulich über die exotische Tierwelt am Ur-Rhein vor etwa zehn Millionen Jahren. Im Mittelpunkt der sehenswerten Ausstellung steht ein Abguss des 1835 bei Eppelsheim entdeckten Oberschädels des Rüsseltieres Deinotherium giganteum. „Geistiger Vater" des Dinotherium-Museums ist der frühere Bürgermeister von Eppelsheim, Heiner Roos (rechts).

Anfangs war der Rhein kurz und klein

Der Rhein war vor etwa zehn Millionen Jahren noch ein kleines Flüsschen. Er erreichte nur eine Länge von schätzungsweise 400 Kilometern statt 1324 Kilometern wie heute. Ursprünglich floss er nicht durch die Gegend von Oppenheim, Nierstein, Nackenheim, Mainz, Wiesbaden und Ingelheim. Stattdessen bahnte er sich ab etwa Worms – streckenweise mehr als 20 Kilometer westlich vom jetzigen Rheinbett entfernt – seinen Weg durch Rheinhessen. Im Raum Eppelsheim unweit von Alzey hatte er nur eine Breite von etwa 45 bis 60 Metern. Heute ist er bis zu 400 Meter breit. Über den frühen Rhein informiert das kleine Taschenbuch „Als Mainz noch nicht am Rhein lag" des Wiesbadener Wissenschaftsautors Ernst Probst. Gewidmet ist es dem Paläontologen Dr. Jens Lorenz Franzen in Titisee-Neustadt, Altbürgermeister Heiner Roos in Eppelsheim und der Bürgermeisterin Ute Klenk-Kaufmann in Eppelsheim, die sich – jeder auf seine Weise – um die Erforschung der Tierwelt am Ur-Rhein und um den Aufbau des „Dinotherium-Museums" in Eppelsheim verdient gemacht haben.

Mainz und Wiesbaden lagen nicht am Ur-Rhein

In der Zeit vor etwa zehn Millionen Jahren, die von Geologen und Paläontologen als Obermiozän bezeichnet wird, hatte der Ur-Rhein südlich des Rheinischen Schiefergebirges noch einen ganz anderen Lauf als der heutige Rhein. Er floss nicht durch die Gegend von Oppenheim, Nierstein, Nackenheim, Mainz, Wiesbaden und Ingelheim. Stattdessen bahnte er sich ab etwa Worms – streckenweise mehr als 20 Kilometer westlich vom jetzigen Rheinbett entfernt – seinen Weg durch Rheinhessen.

Dieser Ur-Rhein war nachweislich nicht so lang wie der heutige Rhein mit 1324 Kilometern, sondern nur ein kurzer Mittelgebirgsfluss mit schätzungsweise 400 Kilometer Länge. Somit war jener Ur-Rhein nur ungefähr ein Drittel so lang wie der gegenwärtige Rhein. Denn er besaß noch keine alpinen Zuflüsse wie jetzt. Seine Quellen lagen nach heutiger Kenntnis südlich des Kaiserstuhls, seine Mündung im unteren Niederrheingebiet, wo sich damals die Meeresküste erstreckte.

Der Paläontologe Jens Lorenz Franzen schrieb auf einem Flyer für Besucher des Dinotherium-Museums in Eppelsheim, der Ur-Rhein sei ursprünglich ein kleines Flüsschen ähnlich wie die heutige Nahe gewesen. Im Raum Eppelsheim habe er lediglich eine Breite von etwa 45 bis 60 Metern erreicht.

Kurze Zeit hielt man den Ur-Rhein in Rheinhessen sogar für einen Höhlenfluss. Den Verdacht, der Ur-Rhein könne im Bereich der wissenschaftlichen Grabungsstelle im Gewann „Auf dem Alzeyer Weg" bei Eppelsheim in einer Höhle aus Kalkstein geflossen sein, hatte 1997 als Erster der Mainzer Geologe Winfried Kuhn geäußert. Auf diese Idee war er gekommen, nachdem er Sinterkalk-Stücke gefunden hatte.

*Der Mainzer Geologe Winfried Kuhn
hatte 1997 den Verdacht,
der Ur-Rhein könne im Bereich
der wissenschaftlichen Grabungsstelle
im Gewann „Auf dem Alzeyer Weg"
bei Eppelsheim
in einer Höhle aus Kalkstein
geflossen sein*

Als einen gewichtigen Hinweis für die Existenz eines Höhlenflusses deutete Kuhn einen 1998 entdeckten, etwa 35 Kubikmeter großen Kalksteinklotz auf dem Grund des Ur-Rheins. Der tonnenschwere Klotz besteht aus rund 20 Millionen Jahre alten Inflata-Schichten, die nach der kleinen Wattschnecke *Hydrobia inflata* benannt sind. Kuhn betrachtete den Klotz als Teil der Decke einer eingestürzten Karsthöhle.

Doch später rückte der Mainzer Geologe von seiner faszinierenden Idee, der Ur-Rhein in Rheinhessen könne zumindest streckenweise ein Höhlenfluss gewesen sein, wieder ab. Denn im Bereich der Grabungsstelle im Gewann „Auf dem Alzeyer Weg" bei Eppelsheim hat man keine weiteren Kalksteinklötze mehr gefunden, die Reste einer eingestürzten Höhlendecke gewesen sein könnten.

An der Grabungsstelle bei Eppelsheim wurde bisher nur einer der beiden Uferbereiche des Ur-Rheins freigelegt. Nämlich ein Steilhang aus rund 20 Millionen Jahre alten Schichten auf der Westseite des ehemaligen Flusses. Dieser Hang besteht aus einer großen Kalksteinscholle, deren Basis auf den unterlagernden tonigen Schichten nach Westen hin weggerutscht war, worauf die ursprünglich horizontal gelagerten Schichten steil nach Osten abkippten. Vermutlich stürzte dabei der erwähnte Kalksteinklotz in den entstandenen Zwischenraum, in dem später ein Seitenarm des Ur-Rheins floss.

Auslöser für die Wegbewegung der Kalksteinscholle vom Hang dürften großräumige plattentektonische Dehnungsbewegungen gewesen sein. Dies war eine Spätfolge der Öffnung des Nordatlantiks in Verbindung mit der Absenkung des Oberrheingrabens. Am nördlichen Ende des Oberrheingrabens befindet sich das Mainzer Becken, zu dem auch die Gegend von Eppelsheim gehört. Der Untergrund des Mainzer Beckens, besteht aus einer Vielzahl von Schollen, die von Brüchen (Störungen) begrenzt sind.

Das dem Westhang gegenüber gelegene Ostufer des Ur-Rheins war 2008 noch nicht aufgeschlossen. Kuhn glaubt, dass sich

Schräg geschichtete Flussablagerungen des Ur-Rheins bei Eppelsheim

dort ebenfalls ein Steilufer befand, das den Gegenpart der weg
gerutschten Scholle bildete. An der Grabungsstelle bei Eppelsheim floss wahrscheinlich ein Seitenarm des Ur-Rheins durch
eine enge Schlucht (Canyon). Weitere Flussarme, die unter-
schiedlich breit und tief waren, existierten sicherlich an anderer Stelle. Es gab wohl auch Hochwasserphasen und Zeiten mit
geringer Wasserführung.

Wie viele andere Flussablagerungen sind auch diejenigen des
Ur-Rheins bei Eppelsheim schräg geschichtet. Ein Fluss ver-
ändert durch unterschiedliche Wasserführung und Strömungs-
intensität immer wieder seinen Lauf. Einerseits schneidet er
sich in Prallhangbereichen in bestehende Sandbänke oder Ufer-
zonen ein. Andererseits lagert er im Gleithangbereich aufgrund
der geringeren Fließgeschwindigkeit Sedimente beispielsweise an Sandbänken ab. Solche Ablagerungen werden immer in
einem gewissen Neigungswinkel angelegt – von der Sandbank
oder vom Ufer zur Fließrinne hin. Bei ständigen Änderungen
der Flussläufe entstehen in den Ablagerungen zwangsläufig
Schrägschichtungskörper.

Sandvorkommen in Richtung des heutigen Rheingrabens, die
sich in ihrer Zusammensetzung etwas von den Dinotheriensanden unterscheiden, sind Spuren einer Verlagerung des
Flussbettes des Ur-Rheins nach Osten. Doch weil diese kalk-
frei sind und keine Fossilien enthalten, kann ihr Alter nicht ge-
nau datiert werden.

Ablagerungen des Ur-Rheins – auf heute trockenem Gelände –
kennt man aus Westhofen bei Worms, Eppelsheim, Dintesheim,
Esselborn, Kettenheim, Heimersheim, Bermersheim, vom
Wissberg bei Gau-Weinheim, Vendersheim, Wolfsheim und vom
Steinberg (auch Napoleonshöhe genannt) bei Sprendlingen un-
weit von Bad Kreuznach. Dabei handelt es sich um Sande und
Kiese, die teilweise Reste von Tieren aus jener Zeit enthalten.
Weil darunter auch Knochen und Zähne des riesigen Rüssel-
tieres *Deinotherium giganteum* sind, werden die Ablagerungen
des Ur-Rheins als Dinotheriensande bezeichnet. Man bezeich-

net sie aber auch als Eppelsheimer Sande oder Eppelsheim-Formation.

Wer als Erster die Sande und Schotter der Dinotheriensande in Rheinhessen als Ablagerungen des Ur-Rheins erkannt hat, konnte der Autor dieses Taschenbuches trotz vieler Recherchen nicht sicher klären.

Bereits auf der 1866 erschienenen „Geologischen Specialkarte des Grossherzogthums Hessen und der angrenzenden Landesgebiete im Maasstabe von 1:50000" für die „Section Alzey" des Darmstädter Geologen Rudolf Ludwig (1812–1880) werden die Dinotheriensande als Flussablagerungen gedeutet. Im Zusammenhang mit Eppelsheim als „weltberühmte Fundstätte des Deinotherium giganteum" ist von einem Flussdelta, nicht aber vom Rhein die Rede. Auch andere Autoren jener Zeit haben die Dinotheriensande wohl mit einem Fluss, noch nicht aber mit dem Rhein in Verbindung gebracht.

Der Erste, der die Gerölle in den Dinotheriensanden petrographisch ausführlicher untersucht hat, dürfte der Geologe Carl Mordziol (1886–1958) gewesen sein, der zeitweise in Gießen, Mainz, Aachen und Koblenz gearbeitet hat. Er führte 1908 aus, dass ein größeres Stromsystem aus südwestlicher oder südlicher Richtung das Material der Dinotheriensande ablagerte. Mordziol sprach von einem Stromsystem, das „auch in ähnlicher Richtung wie der heutige Rhein in das Schiefergebirge eintrat" und vom „unterpliocänen Rhein". Dabei verwies er auf entsprechende Arbeiten des damals in Würzburg tätigen Geologen und Mineralogen Fridolin Sandberger (1826–1898) von 1863 und 1870/1875. Einen „von Süden nach Norden fließenden Vorläufer des Rheins (einen „Urrhein") erwähnte Mordziol 1911 in seinem Werk „Geologischer Führer durch das Mainzer Tertiärbecken".

1932 stellte der Wormser Paläontologe Wilhelm Weiler (1890–1972), der von 1944 bis 1947 Direktor des Naturhistorischen Museums Mainz war, in einer Abhandlung die Frage: „Gab es einen unterpliozänen Eppelsheimer Fluß in Rheinhessen?" Damals wurden die Ablagerungen des Ur-Rheins noch nicht – wie heute – dem Miozän, sondern dem Pliozän zugerechnet.

Das Wissen über die Existenz des Ur-Rheins fernab vom heutigen Rhein wurde durch Untersuchungen des Berliner Geologen Joachim Bartz (1910–1998) bereichert. Er veröffentlichte 1936 seine Publikation „Das Unterpliocän in Rheinhessen".

Laut Bartz floss der Ur-Rhein auf einer alten, aus Kalksteinen bestehenden Landoberfläche in Süd-Nord-Richtung. Im Norden hatte er einen linksseitigen Nebenfluss (die Ur-Nahe), der aus der Richtung von Bad Kreuznach kam. Das Einzugsgebiet der Ur-Nahe reichte bis ins Pfälzer Bergland. Dieser Sachverhalt wurde später (1946, 1947, 1973) durch den Darmstädter Hydrogeologen Wilhelm Wagner (1884–1970) bestätigt und ergänzt.

In Rheinhessen lassen sich die Dinotheriensande über eine Strecke von etwa 26 Kilometern verfolgen. Die Fundstellen mit Dinotheriensanden verteilen sich auf zwei Gebiete. Das nordwestliche umfasst den Steinberg bei Sprendlingen (mit mehreren Fundpunkten), Wolfsheim, Vendersheim, Gau-Weinheim und den Wissberg bei Gau-Weinheim. Zum südwestlichen Fundgebiet in der Umgebung von Alzey gehören Bermersheim, Heimersheim, Kettenheim, Esselborn, Dintesheim, Eppelsheim und Westhofen.

Nördlich des Steinberges bei Sprendlingen folgen einige Vorkommen von Dinotheriensanden ohne Tierfossilien. Nämlich Welgesheim, Zotzenheim, Dromersheim, Aspisheim, Ober- und Niederhilbersheim sowie der Laurenziberg bei Ockenheim. Bartz erklärte dies damit, dass sich nördlich vom Steinberg bei Sprendlingen die Einflüsse der Ur-Nahe bemerkbar machten, die zur völligen Aufarbeitung der Säugetierreste führten. Südlich von Dintesheim und Westhofen nahe Worms sind keine Dinotheriensande bekannt.

Auch die Schotter der Ur-Nahe beim Rheingrafenstein südlich von Bad Kreuznach enthalten keine Säugetierreste. Der Rheingrafenstein ist eine 136 Meter hohe Felsformation aus vulkani-

*Dinotheriensande-Aufschlüsse mit Säugetierfossilien in Rhein-
hessen. Schwarze Kreise: 1: Steinberg (Napoleonshöhe), 2:
Wolfsheim, 3: Vendersheim, 4: Wissberg, 5: Gau-Weinheim, 6:
Bermersheim, 7: Heimersheim, 8: Kettenheim, 9: Esselborn,
10: Dintesheim, 11: Eppelsheim, 12: Westhofen.*
*Der lange Pfeil von Südosten nach Nordwesten zeigt die Lauf-
richtung des Ur-Rheins in Rheinhessen an. Der kurze Pfeil links
des Ur-Rheins markiert die Laufrichtung der Ur-Nahe. Der kurze Pfeil rechts des Ur-Rheins soll die Laufrichtung des Ur-Mains
veranschaulichen. Im Gegensatz zu dieser Karte von 1983 geht
man heute davon aus, dass der Ur-Main zur Zeit der Dinotheriensande kein Nebenfluss des Ur-Rheins in Rheinhessen gewesen ist.*
*Dinotheriensande-Aufschlüsse ohne Säugetierreste. Offene
Kreise: a: Welgesheim-Zotzenheim, b: Dromersheim-Aspisheim,
c: Ober-Niederhilbersheim, d: Ockenheim-Laurenziberg, e:
Rheingrafenstein (Einzugsgebiet der Ur-Nahe), f: Mainz-
Hechtsheim (heute nicht mehr zu den Dinotheriensanden ge-
rechnet).*
*Diese Karte stammt aus dem Beitrag „Bemerkungen zur
Taphonomie der spättertiären Säugerfauna aus den Dinotheriensanden Rheinhessens" (1983) des Mainzer Paläontolo-
gen Heinz Tobien (1911–1993).*

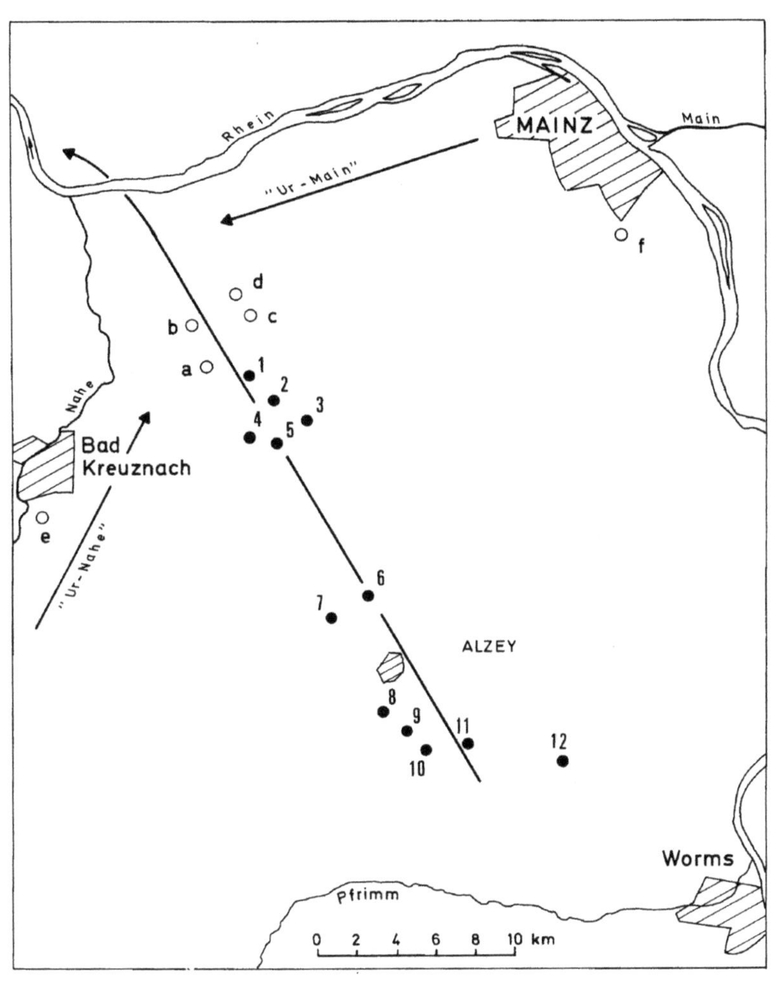

Rhein
MAINZ
Main
"Ur-Main"
f
d
c
b
a
1
2
3
4
5
Nahe
Bad
Kreuznach
e
"Ur-Nahe"
6
7
ALZEY
8
9
11
10
12
Worms
Pfrimm
0   2   4   6   8   10 km

Die Wiederentdeckung der Fossilfundstelle bei Eppelsheim im Gewann „Auf dem Alzeyer Weg" gelang 1996 dem Paläontologen Jens Lorenz Franzen, was in der Fachwelt für Aufsehen sorgte. Nach geologischen Voruntersuchungen, Befragungen und schließlich Bohrungen fand er unter acht Meter mächtigen Deckschichten die verschollene Fundstelle wieder. Trotz aller Vorüberlegungen war ihm bange zumute, als er vor dem ausgebaggerten, zehn Meter tiefen Loch stand, und es keinerlei Garantie gab, darin etwas zu finden. Obiges Luftbild der Grabungsstelle im Gewann „Auf dem Alzeyer Weg" bei Eppelsheim entstand im Sommer 1998 bei einem Flug von Diplom-Ingenieur Ansgar Hemm, der damals in Usingen/Taunus lebte. Bei den unregelmäßigen hellen Flecken handelt es sich um Kalke, die dicht unter der Oberfläche liegen. Die Paläoströmung kam vom oberen rechten Bildrand (Südosten) und strömte in Richtung zum unteren linken Bildrand (Nordwesten). Heute befinden sich die Ablagerungen des Ur-Rheins in einer Gegend, in der weit und breit kein Fluss zu sehen ist.

schem Gestein (Porphyr) an der Nahe gegenüber von Bad Münster am Stein-Ebernburg.

Die Gerölle in den Dinotheriensanden von Rheinhessen liefern Hinweise auf das Einzugsgebiet des Ur-Rheins. Sie stammen aus inzwischen abgetragenen Sedimenten, die vor etwa zehn Millionen Jahren den Schwarzwald und die Vogesen überdeckten.

Der Ur-Rhein floss zur Zeit der Dinotheriensande vor etwa zehn Millionen Jahren – oder vielleicht sogar schon etwas früher – in das Mittelrheintal ab. Der Abfluss erfolgte vermutlich im Bereich der Binger Pforte.

Vom Obermiozän bis ins Eiszeitalter verlagerte der Ur-Rhein seinen Lauf immer mehr nach Nordosten, bis er seine heutige Position bei Mainz und Wiesbaden erreichte. Bewirkt wurde dies durch das Einsinken des Oberrheingrabens und die Hebung des Mainzer Beckens, das eine der Grabenschultern darstellt.

Auch heute noch geht das Nebeneinander von Grabensenkung und Schulterhebung weiter. Die tektonischen Bewegungen sind insbesondere daran zu erkennen, dass sich bei Nachmessungen von Feinnivellements zum Teil erhebliche Differenzen ergeben. Beispielsweise wurden von dem Darmstädter Geologen Reinhard Heil (1925–2004) zwischen Heidelberg und Darmstadt jährliche Senkungsraten von ca. einem Millimeter festgestellt. Andererseits hat man nordwestlich von Karlsruhe auch Hebungen ermittelt, die 0,5 Millimeter pro Jahr erreichen.

Im Obermiozän vor etwa acht bis fünf Millionen Jahren verlagerte der Ur-Rhein sein Bett nach Osten, wo er in Höhe der heutigen Gegend von Mainz auf den Ur-Main traf. Erst durch den Anschluss der Ur-Aare im Eiszeitalter vor etwa zwei Millionen Jahren und des Alpenrheins vor rund 800.000 Jahren wurde der Rhein zum viertgrößten Strom Europas.

Früher befanden sich in Nähe vieler Gemeinden in Rheinhessen kleine Sandgruben (Sandkauten), in welchen man den für Bauarbeiten benötigten Sand abbaute. Dabei kamen immer

Darmstädter Paläontologe Johann Jakob Kaup (1803–1873)

wieder Zähne und Knochen fossiler Säugetiere zum Vorschein, die aber achtlos weggeworfen wurden. Die Knochen und Gerölle in den Sandschichten signalisierten, dass der Sand am Ende war und nun erneut mühsam die darüber liegende Erde abgehoben werden musste, um an die Sande zu gelangen. Aus diesem Grund wurden die „Hundsknochen" oder „alten Schindangersknochen" mutwillig zerstört.

Der Darmstädter Paläontologe Johann Jakob Kaup (1803–1873) berichtete 1844, es sei das Verdienst des Pfarrers Johann Heinrich Pauli (1785–1857) in Eppelsheim gewesen, auf die fossilen Schätze Eppelsheims aufmerksam gemacht zu haben. Der Geistliche, der von 1814 bis 1828 in Eppelsheim wirkte und der selbst Altertümer sammelte, überredete zwei Sandgräber dazu, ihren nächsten Fund dem Direktor des „Großherzoglichen Naturalien-Cabinets" in Darmstadt, Ernst Schleiermacher (1755–1844), zu bringen. Nämlich den in viele Stücke zerbrochenen Backenzahn eines Rüsseltieres (Mastodonten).

Die ersten Sendungen fossiler Säugetiere aus Eppelsheim gelangten erst nach dem Anschluss von Rheinhessen an Hessen ab 1816 in das „Großherzogliche Naturalien-Cabinet" nach Darmstadt. Dort wuchs die Eppelsheim-Sammlung im Laufe der Zeit enorm an. Dies war das Verdienst von Johann Jakob Kaup, des Inspektors des „Naturalien-Cabinets". Er ließ sich von Sandgräbern Fossilien aus Eppelsheim schicken und kümmerte sich oft an Ort und Stelle zusammen mit seinem Freund, dem Mineralogen Professor August von Klipstein (1801–1894) von der Universität Gießen, um die Funde. 1844 jubelte Kaup: „Diese Fundstätte übertrifft durch die Reichhaltigkeit ihrer gigantischen, wie ihrer kleinen Formen alle Fundstätten, die bis jetzt auf der ganzen Erdrinde bekannt sind".

Welche Tiere am Ur-Rhein lebten, verraten insgesamt zwölf Lokalitäten mit Dinotheriensanden in Rheinhessen. Am bekanntesten davon ist wohl Eppelsheim, wo Reste vieler Säugetiere entdeckt wurden, darunter Rüsseltiere, Nashörner, Tapire, krallenfüßige Huftiere, Ur-Pferde, kleinwüchsige Hirsche,

Mainzer Paläontologe Heinz Tobien (1911–1993)

Schweine, Bärenhunde, Hyänen, Säbelzahnkatzen und sogar
Menschenaffen.

Der Mainzer Paläontologe Heinz Tobien (1911–1993) listete
1983 in einer Publikation über die Säugerfauna aus den Dinotheriensanden Rheinhessens insgesamt 46 Arten auf. Diese Säugetiere sind von berühmten Paläontologen – wie Johann Jakob
Kaup (1803–1873), Hermann von Meyer (1801–1869), Georges
Cuvier (1769–1832) – erstmals wissenschaftlich beschrieben
worden. Originalfunde aus den Dinotheriensanden werden in
Museen von Darmstadt, Frankfurt am Main, Mainz, Wiesbaden, Alzey und Eppelsheim aufbewahrt.

Im Südgebiet der Dinotheriensande fand man meistens sehr
vollständige Skelettelemente großer Säugetiere (Rüsseltiere und
Nashörner). Der Todesort dieser Tiere kann nicht sehr weit von
deren Einbettungsort gewesen sein. Im Nordgebiet entdeckte
man fragmentierte Skelettelemente, die vielleicht einen länge-
ren Transportweg hinter sich haben und aus einem weiter südlich gelegenen Gebiet stammen. Die Skelette könnten aber auch
in einem Stromschnellenabschnitt fragmentiert worden sein,
meint der Paläontologe Frank Holzförster.

Laut Heinz Tobien gehört die Fauna der Dinotheriensande in
das Vallesium (etwa 11,1 bis 8,7 Millionen Jahre). In der Fachwelt wird der Mainzer Paläontologe mitunter respektvoll als
„Säugetier-Papst" betitelt.

Der Frankfurter Paläontologe Jens Lorenz Franzen veröffentlichte im Jahr 2000 eine Faunenliste über die bis dahin bei
Eppelsheim entdeckten Säugetiere. Seine Liste umfasste nur
noch 32 Säugetierarten, weil einige der früher von Tobien er-
wähnten Spezies sich als Synonym für andere Arten entpuppt
hatten. Er stellte damals fest, dass Eppelsheim für 25 meist welt-
bekannte Arten fossiler Säugetiere zum „Locus typicus" (Typuslokalität) geworden ist. Das bedeutet, sie wurden unter dieser
Herkunftsbezeichnung erstmals wissenschaftlich beschrieben
und benannt. Der rührige Kaup hat rund der Hälfte der Säugetierarten aus Eppelsheim einen Namen gegeben.

Auch die 2000 von Franzen publizierte Faunenliste über Eppelsheim musste wegen neuer Erkenntnisse revidiert werden. Das dort aufgeführte Rüsseltier *Deinotherium levius* gilt heute als Synonym von *Deinotherium giganteum*. Außerdem kamen Neufunde – wie der Menschenaffe *Dryopithecus* sp., die spitzmausähnlichen Insektenfresser *Plesiosorex roosi* und *Crusafontina kormosi* sowie der Maulwurf *Talpa vallesensis* – dazu.

Liste der bei Eppelsheim entdeckten Tierarten (Stand 2008)

Eulipotyphla (Insektenfresser)
Talpa vallesensis VILLALTA & CRUSAFONT 1944
Plesiosorex roosi FRANZEN, FEJFAR & STORCH 2003 **(T)**
Crusafontina kormosi BACHMAYER & WILSON 1970

Primates (Herrentiere)
cf. *Dryopithecus* sp.
Paidopithex rhenanus POHLIG 1895 **(T)**
Rhenopithecus eppelsheimensis (HAUPT 1935) **(T)**

Carnivora (Raubtiere)
Agnotherium antiquum (KAUP 1833) **(T)**
Amphicyon eppelsheimensis WEITZEL 1930 **(T)**
Simocyon diaphorus (KAUP 1832) **(T)**
„*Lutra*" *hessica* LYDEKKER 1890 **(T)**
Ictitherium robustum GERVAIS (1850) **(T)**
Machairodus aphanistus (KAUP 1832) **(T)**
Paramachairodus ogygius (KAUP 1832) **(T)**

Rodentia (Nagetiere)
Palaeomys castoroides KAUP 1832 **(T)**

Proboscidea (Rüsselstiere)
Prodeinotherium bavaricum H. v. MEYER 1831
Deinotherium giganteum KAUP 1829 **(T)**

Gomphotherium angustidens (CUVIER 1806)
Tetralophodon longirostris (KAUP 1832) **(T)**
Stegotetrabelodon gigantorostris (KLÄHN 1922)

Perissodactyla (Unpaarhufer)
Tapirus priscus KAUP 1833 **(T)**
Tapirus antiquus KAUP 1833 **(T)**
Aceratherium incisivum KAUP 1832 **(T)**
Brachypotherium goldfussi (KAUP 1834) **(T)**
Dihoplus schleiermacheri (KAUP 1832) **(T)**
Chalicotherium goldfussi KAUP 1833 **(T)**
Hippotherium primigenium (H. v. MEYER 1829) **(T)**

Artiodactyla (Paarhufer)
Propotamochoerus palaeochoerus (KAUP 1833) **(T)**
Conohyus simorrensis (LARTET 1851)
Microstonyx antiquus (KAUP 1833) **(T)**
Dorcatherium naui (KAUP 1834) **(T)**
Euprox furcatus (HENSEL 1859)
Euprox dicranocerus (KAUP 1833) **(T)**
Amphiprox anocerus (KAUP 1833) **(T)**
„Cervus" nanus (KAUP 1839) **(T)**
Miotragocerus cf. *pannoniae* (KRETZOI 1941)

Chelonia (Schildkröten)
Trionyx sp.

Außerdem wurden Fische und Pflanzen gefunden, die nicht näher bestimmbar oder nicht wissenschaftlich bearbeitet sind.

(T) = Typuslokalität ist Eppelsheim

Bei in Klammern gesetzten Autorennamen wurde die betreffende Art ursprünglich unter einer anderen Gattung beschrieben und benannt.

Tierwelt am Ur-Rhein bei Eppelsheim vor etwa zehn Millionen Jahren auf einem Gemälde von Pavel Major aus Prag, das im Auftrag der Gemeinde Eppelsheim angefertigt wurde: Im Vordergrund links und rechts hornlose Nashörner (Aceratherium incisivum), dazwischen dreihufige Ur-Pferde (Hippotherium primigenium) und kleinwüchsige Hirsche (Euprox furcatus). Im Hintergrund rechts eine Herde von Rhein-Elefanten (Deinotherium giganteum), im Hintergrund links auf der anderen Flussseite krallenfüßige Huftiere (Chalicotherium goldfussi).

In dieser Faunenliste fielen Jens Lorenz Franzen verschiedene Aspekte auf. Bemerkenswert fand er das Vorkommen von Menschenaffen (*Dryopithecus* sp., *Paidopithex rhenanus*, *Rhenopithecus eppelsheimensis*), die heute in ihrem Auftreten auf den tropischen Klimagürtel Afrikas und Asiens begrenzt sind. Das Vorkommen mehrerer Gattungen von Rüsseltieren betrachtete er als Hinweis dafür, wie günstig die Lebensbedingungen für diese großen Pflanzenfresser einst im Mainzer Becken gewesen sein müssen. Denn heute gibt es auf dem ganzen Kontinent Afrika nur noch zwei Arten und auf dem Subkontinent Indien nur noch eine Art von Rüsseltieren. Verstärkt werde dieser Eindruck durch das Auftreten von mindestens drei Nashornarten. Das Vorkommen von mehreren Hirscharten und drei Schweinearten deutete Franzen so, dass es sich bei der Umgebung der Fundstelle Eppelsheim nur um ein Waldbiotop gehandelt haben kann. Dagegen spreche das Auftreten je einer Antilopenart bzw. Pferdeart nicht.

Früher wurden die Dinotheriensande in großem Umfang für Bauzwecke von Einheimischen in Sandgruben abgebaut, wobei immer wieder Zähne oder Knochen von Säugetieren ans Tageslicht kamen. Heute erfolgt ein Großabbau von Sand und Kies nur noch auf dem Steinberg bei Sprendlingen.

Joachim Bartz erkannte 1936, dass die Reste von Säugetieren nur aus einem Horizont an der Basis der Sandfolge stammen. Dabei handelt es sich um grobe Kiese oder kiesführende Grobsande im unteren Bereich der Dinotheriensande. Bis zu 17 Zentimeter große Buntsandsteingerölle aus dem südlichen Oberlauf im Oberrheingebiet dokumentieren die starke Strömung des Ur-Rheins.

Der Ur-Rhein veranschaulicht eindrucksvoll, wie sich ein Fluss im Laufe der Erdgeschichte verändern kann. Ähnliches kennt man auch aus anderen Zeiten und Gegenden.

Das älteste Flusssystem in der Gegend des heutigen Oberrheins zum Beispiel strömte im Eozän vor etwa 45 Millionen Jahren von Norden nach Süden. Während der Rhein in der Gegenwart von Süden nach Norden fließt, verlief das Gefälle damals noch umgekehrt.

Der älteste Vorläufer des Mains im Oligozän vor mehr als 35 Millionen Jahren floss nur bis Bamberg wie der heutige Main von Osten nach Westen, von da ab jedoch im heutigen Regnitz-/Rednitz-Tal nach Süden und mündete etwa bei Augsburg in das zu jener Zeit im Alpenvorland sich ausbreitende Meer. Vor etwa 14,7 Millionen Jahren wurde der Ur-Main durch Trümmermassen eines Meteoriteneinschlags (Nördlinger Ries) nördlich von Treuchtlingen zu einem riesigen See aufgestaut, der später auslief.

Eine entgegengesetzte Strömungsrichtung wie die heutige Donau hatten die Flüsse im Miozän vor mehr als 15 Millionen Jahren im Alpenvorland. Weil das meist nur sehr geringe Gefälle damals von Osten nach Westen gerichtet war, strömten die Flüsse von Oberösterreich aus zu dem von der Schweiz nach Südwesten zurückweichenden Meer. Das sich von Osten nach Westen ausbreitende Flussnetz wurde vor allem durch die Ur-Enns und Ur-Salzach gespeist.

Die Ur-Donau drang im Miozän vor etwa sieben Millionen Jahren von Niederösterreich aus durch rückschreitende Erosion immer weiter nach Westen in das zugleich mit den Alpen im Westen stärker als im Osten aufsteigende Vorland vor. Dadurch kehrten sich das Gefälle und die Fließrichtung der Flüsse in Süddeutschland in West-Ost-Richtung um. Allmählich gliederten sich immer mehr Zuflüsse vom Gebirge im Süden und von Norden her der Ur-Donau an, die zunächst auf der Alb-Hochfläche floss und später dann das untere Altmühltal eintiefte.

Ihre größte Länge erreichte die Donau wohl vor etwa fünf bis sechs Millionen Jahren in der Übergangszeit zwischen Miozän und Pliozän. Damals bildete die Aare ihren Oberlauf, so dass man für jene Zeit auch von Aare-Donau sprechen kann. Erst im mittleren Pliozän vor etwa drei bis vier Millionen Jahren verlor die Donau die Aare als Quellfluss. Die Aare wurde damals über die Burgundische Pforte zunächst zur Saone/Rhone abgeleitet, später dann nach Norden zum Oberrhein und wurde so zu einem Teilstück des heutigen Hochrheins zwischen Waldshut und Basel. Heute markieren die Quellflüsse Breg und Brigach den Beginn der Donau, die teilweise unterirdisch oberhalb von Tuttlingen und Immendingen nach Süden entwässert (Donauversinkung) und im Aach-Topf nördlich von Singen/Hegau wieder zutage kommt, um von dort in den Hochrhein zu entwässern.

Irgendwann im frühen Eiszeitalter vor etwa 1,5 Millionen bis 800.000 Jahren verband sich der im Fichtelgebirge entspringende, ursprünglich nach Südwesten in Richtung Rhonetal abfließende Ur-Main (auch Bamberger Main genannt) mit dem westwärts strömenden Aschaffenburger Main. Damit erhielt er Anschluss an den Rhein.

Ablagerungen von Rhein, Main und Taunusbächen aus dem Eiszeitalter vor etwa 600.000 Jahren kennt man aus den Mosbach-Sanden (früher Mosbacher Sande) im heutigen Stadtgebiet von Wiesbaden. Sie sind nach dem ehemaligen Dorf Mosbach zwischen Wiesbaden und Biebrich benannt, das 1926 in Wiesbaden eingemeindet wurde. Die Mosbach-Sande enthalten Reste von Flusspferden, Rüsseltieren, Nashörnern, Wildpferden, Bisons, Bären, Wölfen, Hyänen, Säbelzahnkatzen, Jaguaren, Geparden, Riesenlöwen und Affen.

Luftbild der Grabungsstelle „Auf dem Alzeyer Weg" bei Eppelsheim von 1999. Diese Aufnahme entstand während eines Fluges des Paläontologen Jens Lorenz Franzen vom Forschungsinstitut Senckenberg in Frankfurt am Main mit einem Heißluftballon.

Autor Ernst Probst

Der Autor

Ernst Probst, geboren am 20. Januar 1946 in Neunburg vorm Wald im bayerischen Regierungsbezirk Oberpfalz, ist Journalist und Buchautor. Er arbeitete von 1968 bis 1971 als Volontär und Redakteur bei den „Nürnberger Nachrichten", von 1971 bis 1973 in der Zentralredaktion des „Ring Nordbayerischer Tageszeitungen" in Bayreuth und von 1973 bis 2001 bei der „Allgemeinen Zeitung", Mainz. Von 2001 bis 2006 war er zunächst als Buchverleger und später auch als Fossilien- und Antiquitätenhändler aktiv.

In seiner Freizeit schrieb Ernst Probst vor allem populärwissenschaftliche Artikel für die „Frankfurter Allgemeine Zeitung", „Süddeutsche Zeitung", „Die Welt", „Frankfurter Rundschau", „Neue Zürcher Zeitung", „Tages-Anzeiger", Zürich, „Salzburger Nachrichten", „Oberösterreichische Nachrichten", Linz, „Die Zeit", „Rheinischer Merkur", „Deutsches Allgemeines Sonntagsblatt", „bild der wissenschaft",„kosmos", „Deutsche Presse-Agentur" (dpa), „Associated Press" (AP) und den „Deutschen Forschungsdienst" (df).

Aus der Feder von Ernst Probst stammen zahlreiche Beiträge der Buchreihe „Geschichten, die die Forschung schreibt" sowie die Bücher „Deutschland in der Urzeit" (1986), „Deutschland in der Steinzeit" (1991), „Rekorde der Urzeit" (1992), „Dinosaurier in Deutschland" (1993 zusammen mit Raymund Windolf) und „Deutschland in der Bronzezeit"(1996). 2001 veröffentlichte Ernst Probst eine 14-bändige Taschenbuchreihe mit Biografien über berühmte Frauen („Superfrauen"). Insgesamt publizierte er mehr als 100 Bücher, Taschenbücher, Museumsführer, Broschüren und E-Books.

Literatur

FRANZEN, Jens L.: Auf dem Grunde des Urrheins –
Ausgrabungen bei Eppelsheim. Natur und Museum, 130 (6),
S. 169– 180, Frankfurt am Main 2000
FRANZEN, Jens L.: Dinotherium-Museum in Eppelsheim
eröffnet. Natur und Museum, 131 (12), S. 449–450,
Frankfurt am Main 2001
FRANZEN, Jens L.: Ein Paradies für Säugetiere? Das Ober-
miozän Mitteleuropas. Biologie unserer Zeit, 4, S. 234–242,
Weinheim 2006
FRANZEN, Jens L.: Am Ufer des Urrheins. Jubiläums-
festschrift 1225 Jahre Eppelsheim 782, S. 9–12, Eppelsheim
2007
FRANZEN, Jens L. / GRUBER, Gabriele: Johann Jakob
Kaup (1803–1873) – ein europäischer Naturforscher des 19.
Jahrhunderts. Aus: GRUBER, Gabriele / SCHNEIDER,
Wolfgang (Herausgeber): Zu Ehren von Johann Jakob Kaup
1803–1873; Kaupia, Darmstädter Beiträge zur Naturge-
schichte, 13, S. 3–16, Darmstadt 2004
FRANZEN, Jens L. / ROOS, Heiner / PROBST, Ernst: Das
Dinotherium-Museum, Eppelsheim 2009
HELDMANN, Georg: Johann Jakob Kaup: Leben und
Wirken des ersten Inspektors am Naturaliencabinet des
grossherzoglichen Museums 1803–1873, Darmstadt 1955
PROBST, Ernst: Deutschland in der Urzeit, München 1986
PROBST, Ernst: Rekorde der Urzeit. Landschaften, Pflanzen
und Tiere, München 2008
PROBST, Ernst: Der Ur-Rhein. Rheinhessen vor zehn
Millionen Jahren, München 2009
PROBST, Ernst: Der Rhein-Elefant. Das „Schreckenstier
von Eppelsheim, München 2010
PROBST, Ernst: Menschenaffen am Ur-Rhein. Paidopithex,

Rhenopithecus und Dryopithecus, München 2010
PROBST, Ernst: Säbelzahntiger am Ur-Rhein. Machairodus und Paramachairodus, München 2010
SOMMER, Jens: Sedimentologie, Taphonomie und Paläoökologie der miozänen Dinotheriensande von Eppelsheim/ Rheinhessen. Dissertation zur Erlangung des Doktorgrades der Naturwissenschaften, Hannover-Langenhagen 2007
TOBIEN, Heinz: Bemerkungen zur Taphonomie der spättertiären Säugerfauna aus den Dinotheriensanden Rheinhessens. Weltenburger Akademie. Erwin-Rutte-Festschrift, S. 191–200, Kelheim/Weltenburg 1983

Bildquellen

Klaus Benz, Mainz-Laubenheim: 34
Gemeinde Eppelsheim / Förderverein Dinotherium-
Museum Eppelsheim: (Gemälde von Pavel Major, Prag):
28
Dr. Jens Lorenz Franzen, Titisee: 6, 8, 32, (Zeichnung:
Christine Hemm-Herkner) 10
Dipl.-Ing. Ansgar Hemm, Bad Wildungen: 20
Dr. Winfried Kuhn, Landesamt für Geologie und Bergbau
Rheinland-Pfalz, Mainz: 12
Privatarchiv, Mainz: 24
Reproduktion aus: TOBIEN, Heinz: Bemerkungen
zur Taphonomie der spättertiären Säugerfauna aus den
Dinotheriensanden Rheinhessens (Bundesrepublik
Deutschland). Aus: Erwin-Rutte Festschrift, S. 191–200,
Kelheim/Weltenburg 1983: 19
Reproduktion einer Fotografie: 22
Dr. Jens Sommer, Geologie/Paläontologie, Hannover: 14

Bücher von Ernst Probst

Rekorde der Urzeit. Landschaften,
Pflanzen und Tiere
Rekorde der Urmenschen. Erfindungen,
Kunst und Religion
Archaeopteryx. Der Urvogel aus Bayern
Dinosaurier in Deutschland. Von Compsognathus
bis zu Stenopelix
Dinosaurier in Baden-Württemberg. Von Efraasia
bis zu Sellosaurus
Dinosaurier in Niedersachsen. Von Elephantopoides
bis zu Stenopelix
Dinosaurier von A bis K. Von Abelisaurus
bis zu Kritosaurus
Dinosaurier von L bis Z. Von Labocania
bis zu Zupaysaurus
Der Ur-Rhein. Rheinhessen
vor zehn Millionen Jahren
Der Mosbacher Löwe. Die riesige
Raubkatze aus Wiesbaden
Der Rhein-Elefant. Das „Schreckenstier"
von Eppelsheim
Deutschland im Eiszeitalter
Höhlenlöwen. Raubkatzen im Eiszeitalter
Menschenaffen am Ur-Rhein. Paidopithex, Rhenopithecus
und Drypithecus
Säbelzahnkatzen. Von Machairodus
bis zu Smilodon
Der Höhlenbär

Monstern auf der Spur. Wie die Sagen
über Drachen, Riesen und Einhörner entstanden
Affenmenschen. Von Bigfoot
bis zum Yeti
Seeungeheuer. Von Nessie
bis zum Zuiyo-maru-Monster

Bestellungen bei www.grin.com